I0075240

LA

PAROLE ET LE LANGAGE

ÉTUDE DE PHYSIOLOGIE ET PSYCHOLOGIE

MÉMOIRE

PRÉSENTÉ AU CONGRÈS SCIENTIFIQUE INTERNATIONAL DES CATHOLIQUES
TENU À PARIS EN 1888

PAR

LE DOCTEUR A. FERRAND

PARIS
BUREAUX DES ANNALES DE PHILOSOPHIE CHRÉTIENNE

1888

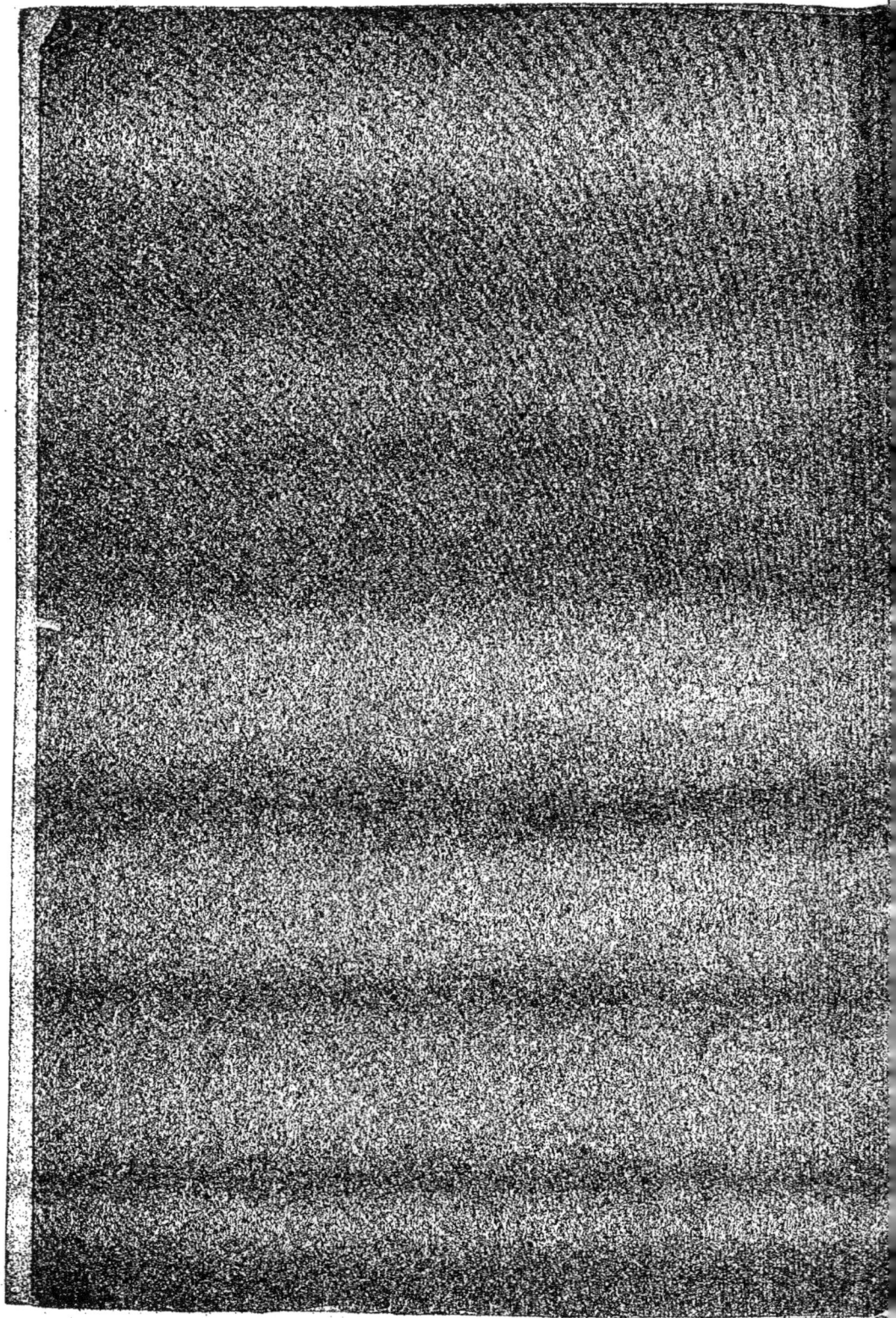

LA PAROLE ET LE LANGAGE

Étude de physiologie psychologique.

PAR LE Dʳ A. FERRAND
Médecin des hôpitaux de Paris.

L'étude de la parole a de tout temps attiré l'attention des savants et des philosophes. Mais depuis vingt ans, attaquée de différents côtés à la fois, elle a été l'objet des travaux les plus nombreux.

D'une part, les linguistes ont cherché à démembrer les diverses langues et à déterminer tout à la fois leurs racines et leurs origines. « Une vaste enquête », comme le dit M. Darmesteter, « se poursuit pour dresser le catalogue complet de toutes les langues parlées aujourd'hui sur la surface du globe ; et l'on s'attache à en déterminer les origines, à en retracer le développement, à reconnaître les formes par lesquelles ont passé leurs prononciations, leurs lexiques, leurs grammaires, et, dans la mesure du possible, à retrouver, derrière leur histoire, celle des civilisations. »

D'autre part, les sciences médicales ont poussé plus loin qu'on ne l'avait fait jusqu'ici l'étude des instruments que met en jeu l'exercice du langage et de la parole, non seulement l'étude des instruments périphériques qui exécutent cette noble fonction, mais celle des éléments nerveux qui y président pour leur part, et en gouvernent l'usage.

Partant de ces nouveaux faits d'observation et de ces analyses, les psychologues se sont donné la tâche de les employer à élucider autant que possible, le mécanisme si délicat et si compliqué de cette haute fonction.

Enfin, la plupart de ces auteurs n'ont pas cru pouvoir s'abstenir de toucher, au moins en passant, la question si souvent controversée de l'origine de la parole, et les questions philosophiques qui s'y rattachent.

C'est là, sans doute, un bien vaste programme, et je me garderai de chercher à le remplir en entier. Mon but sera plus restreint, et par conséquent plus en rapport avec mes aptitudes. Entre les recherches analytiques de la linguistique pure et les conceptions générales des écoles philosophiques, il y a le domaine des études physiologiques et psychologiques de la parole, dans lequel on peut embrasser bien des données intéressantes. Dresser le bilan de ces études, résumer les solutions qu'elles proposent, sans m'interdire d'y ajouter une modeste part, tel est le but que je me propose.

Mais avant d'entrer dans cet exposé, qu'il me soit permis de m'arrêter un instant sur la définition de son objet. La plupart des auteurs qui s'en sont occupé récemment, confondent, ou à peu près, la parole et le langage — Or, le langage n'est autre chose que la manifestation au dehors, par des signes déterminés, des impressions et des déterminations de l'individu. Dans la généralité, il est commun à l'homme et à l'animal, et il est aussi multiple que les modes d'expression que possèdent en commun l'homme et l'animal. C'est ainsi qu'on décrit le langage des gestes, des attitudes, autrement dit le langage mimique, le langage des cris, et celui des sons modulés ou de la voix.

L'homme possède un mode de langage qui est un mode d'expression bien plus parfait que ceux-ci ; et il le possède seul : c'est le langage articulé et pensé. Telle est la parole. — La parole est donc un langage spécial, distinct, supérieur ; et l'on ne saurait attribuer indistinctement à ces deux termes ce qui peut très bien ne convenir qu'à l'un d'entre eux.

1. — *Physiologie de la parole.*

La physiologie de la parole ne saurait être traitée ici autrement qu'en rappelant les grandes divisions qu'elle embrasse.

Sans parler des organes qui n'y jouent qu'un rôle adventice, tels que les appareils qui produisent le son (le larynx), et les appareils qui le renforcent (le pharynx, le nez et la bouche), il y a les organes périphériques qui y prennent une part immédiate, par leurs mouvements relatifs : la langue, les dents et les lèvres. Le système nerveux qui préside à ces mouvements est composé de fibres destinées à en animer les organes actifs (les muscles), et de centres avec lesquels ces fibres sont en connexion ; de sorte que les fibres nerveuses conduisent aux organes moteurs périphériques l'impulsion motrice que leur communiquent les centres nerveux, dans lesquels cette impulsion a été élaborée.

Dans un travail publié naguère (1), j'ai montré quels étaient ces centres, comment il en existe un pour chacun des modes d'expression les plus usités, le mode mimique, le mode graphique, et le mode parlé ; comment ces divers centres de coordination motrice verbale sont en rapport entre eux et avec des centres d'une autre espèce, ceux qui sont chargés de recueillir par l'ouïe, par la vue, par le tact, les modes d'expression parlés, écrits ou mimés, c'est-à-dire les centres de collection sensorielle verbale.

J'ai montré enfin que ces divers centres sont eux-mêmes en connexion des plus étroites avec d'autres, plus élevés encore dans l'ordre de la fonction, les centres dits psychiques, lesquels sont chargés de garder dans la mémoire et de reproduire dans l'imagination les signes de l'expression parlée, écrite ou mimée.

Enfin, j'ai exposé les preuves que l'expérimentation normale et les lésions de la maladie apportent à l'appui de la démonstration de cette fine analyse.

En résumé, trois ordres de centres nerveux, situés dans les circonvolutions antérieures du cerveau, concourent à l'exécution de la parole : les centres de coordination motrice verbale, les centres de collection sensorielle verbale, et probablement aussi, à côté d'eux, les centres psychiques,

(1) V. *Annales de philosophie chrétienne*, avril, 1887. — Tir. à part, chez Delahais et Crosnier.

c'est-à-dire ceux de la mnémonique et de l'imaginative. Et chacun de ces trois ordres de centres se subdivise à son tour en trois centres distincts, attribués spécialement aux fonctions de réception auditive, visuelle et tactile, et aux fonctions correspondantes d'articulation verbale, de graphique et de mimique.

Et cet appareil si compliqué et si parfait dans ses connexions et ses rapports existe dans chacun des deux hémisphères du cerveau, avec cette particularité bien remarquable, que nous n'usons guère en général que de l'un d'entre eux, et que ce côté du cerveau est en rapport avec l'usage que nous faisons habituellement de nos membres ; de telle sorte que les droitiers parlent à l'aide de celui des hémisphères cérébraux qui leur sert à sentir et à agir (le gauche), et que les gauchers parlent à l'aide de l'hémisphère opposé (le droit).

Ce ne sont pas là, encore une fois, de simples vues de l'esprit, mais des faits d'expérience et d'observation. On peut aujourd'hui montrer, dans le cerveau de l'homme, le point où se trouve le foyer des coordinations motrices qui dirigent l'exécution du langage articulé, celui qui commande au langage graphique, autrement dit, à l'écriture. — On sait de même où se trouve le foyer des collections auditives verbales, c'est-à-dire le point où sont concentrées et perçues les sensations provoquées par les sons de la parole à haute voix, et là aussi où se trouve le foyer des collections visuelles verbales, c'est-à-dire le point où sont réunies et perçues les sensations visuelles que donne l'écriture à celui qui la lit.

La pathologie cérébrale est venue apporter ses preuves remarquablement probantes à cette démonstration. Elle nous montre des gens qui ont perdu le pouvoir de coordonner leurs organes moteurs pour leur faire produire le langage articulé, et qui ont conservé le pouvoir de comprendre ce qu'ils entendent et ce qu'ils lisent, voire même le pouvoir de traduire par l'écriture la pensée qu'ils ne peuvent parler ; d'autres qui ont perdu la parole et l'écriture et qui ont conservé la mimique, par laquelle ils peuvent traduire encore leurs idées.

Et, chose curieuse, ces malades qui ont perdu la possibilité de parler, ont conservé intacts les mouvements de la langue et des lèvres pour tous les autres actes qui ne sont pas l'articulation du langage ; ce qui prouve bien qu'il y a chez eux, non pas une simple paralysie des organes périphériques de l'articulation, mais une altération du centre nerveux chargé d'exécuter la coordination motrice nécessaire à l'exécution de la parole.

De même, on voit des gens atteints seulement dans leurs centres de collection sensitive verbale, qui cessent d'entendre les mots en tant que mots et continuent à entendre les bruits et les sons émis autour d'eux ; d'autres qui, devenus incapables de voir l'écriture et les caractères graphiques, continuent cependant à distinguer les couleurs et un dessin quelconque, et peuvent même reproduire les linéaments d'une écriture qu'on leur fait copier, et cela, sans se rendre aucun compte de la valeur significative des mots qu'ils copient. Ces malades sont dits atteints de surdité verbale et de cécité verbale ; aux premiers, le centre des collections auditives verbales fait défaut ; chez les seconds, c'est le centre des collections visuelles verbales qui est intéressé.

L'observation n'a pas encore donné des résultats aussi précis pour ce qui regarde les centres de la mimique, et le lieu positif de ces centres n'a pas encore pu être démontré nettement dans le cerveau ; mais il est plus que probable qu'il y a sa place et qu'il y joue un rôle identique à celui que jouent les autres centres de perception et d'expression verbales.

Il est encore à peu près démontré, que le langage n'est pas le seul acte qui possède ainsi, dans le cerveau, des centres de collection perceptive et de coordination expressive. Mais un grand nombre d'actes préparés par l'éducation, et dans l'exécution desquels il entre ensuite, nécessairement, une plus ou moins forte dose d'automatisme, sont dans le même cas. Les mouvements de succion, de préhension et de mastication, sont les plus simples et les plus constamment pratiqués. La marche, les divers modes de station et d'attitude, sont dans ce même cas.

On peut adjoindre encore un certain nombre de mouvements professionnels fréquemment répétés. L'exécution artistique implique le plus souvent ainsi une certaine part d'automatisme, sans laquelle la plus heureuse inspiration ne saurait se faire valoir. Quand le pianiste a un morceau « dans les doigts », comme on dit, c'est qu'il l'a exécuté assez souvent pour habituer ses doigts à la succesion des mouvements nécessaires à cette exécution ; en d'autres termes, les centres cérébraux qui doivent présider à cette exécution se sont adaptés de telle sorte, qu'une fois mis en train, ils vont dérouler la succession de leurs incitations motrices selon l'ordre et la mesure pour laquelle ils ont été dressés, et cela sans que la volonté y préside nécessairement, parfois même en dehors de toute attention du sujet.

C'est, ainsi que je l'ai dit, le rôle d'un animal savant, qui, bien dressé par son maître, arrive par le fait de cette éducation à exécuter, sans le concours de ce dernier, les actes en apparence les plus intelligents, et qui ne sont pas cependant sous la dépendance actuelle de l'intelligence.

La surface des circonvolutions du cerveau est ainsi semée de centres multiples, susceptibles de s'adapter à telle ou telle collection sensorielle par l'intermédiaire de laquelle le sujet aura été souvent impressionné ; susceptibles de s'adapter à telle ou telle coordination motrice que la volonté du sujet aura plus ou moins souvent mise en jeu.

Et cette adaptation des organes du cerveau, à laquelle contribue sans doute l'influence héréditaire, résulte aussi pour une large part de l'éducation qu'on leur impose et de l'usage qu'on en fait. En ce sens, on peut dire qu'il y a une véritable évolution physiologique du langage articulé.

En résumé, le langage peut être réflexe et s'effectuer indépendamment de la conscience, et en dehors de la participation actuelle de l'intelligence. On parle machinalement, automatiquement, dans bien des circonstances, trop souvent sans doute, alors qu'on ne met en jeu que les centres de collection sensorielle verbale et ceux de la coordination motrice verbale, sans autre intermédiaire. Il est vrai que le plus souvent ces centres, mis en jeu, en éveillent d'autres à leur tour, qui viennent prendre leur part à l'opération de la parole ; et ce sont les centres dits psychiques de la mnémonique et de l'imagination. Ces derniers font une élaboration particulière de la parole, et tout en retardant l'opération du langage, ce sont eux qui permettent d'attribuer aux mots toute la valeur, et aux phrases tout le sens qui leur convient. Mais il est plus que probable que, pour beaucoup de gens peu cultivés en ce sens, la parole est plus souvent réflexe qu'intelligente à proprement parler.

Que l'intelligence proprement dite domine tous ces centres et puisse les mettre en jeu comme il lui plaît, pour l'expression des raisonnements les plus serrés et des sentiments les plus élevés, c'est ce que l'observation permet très bien de croire.

Je ne saurais insister davantage sur ces données physiologiques relatives à la fonction du langage, et ne puis que renvoyer pour de plus amples détails à nos principaux traités de physiologie et au travail que j'ai publié à ce sujet (*Gazette des hôpitaux* et *Annales de philosophie chrétienne*), et au schema que j'ai dressé, schema à l'aide duquel on peut, je crois, simplifier beaucoup cette démonstration.

2. — *Psychologie de la parole.*

L'étude psychologique du langage peut emprunter sans doute quelques unes de ses données à la linguistique, et surtout à la linguistique comparée, et c'est sur ce terrain que les études ont été poussées récemment avec le plus d'ardeur, sinon avec le plus de succès ; mais un des éléments les plus intéressants de cette étude lui est fourni incontestablement par l'observation de l'enfant, et par la façon dont il débute dans l'exercice du langage.

Que l'enfant ne parle pas spontanément, et qu'il apprend, non sans peine, à s'exprimer par le langage, c'est un fait aussi banalement observé que scientifiquement démontré. Le psychologue anglais Withney, dans son livre sur la vie du langage, a publié, sur ce point, un chapitre des plus curieux, sous ce titre : Comment chaque homme acquiert sa langue. Et dans les psychologies de l'enfance de B. Pérez et de Preyer, on trouve sur ce même sujet les renseignements les plus étendus.

De ces diverses études, il ressort bien clairement que l'enfant, tout d'abord, parle pour parler, avant de savoir ce qu'il dit, comme il marche, s'agite et saute pour le plaisir d'agir et sans but. Or ce langage, qui n'est qu'une imitation plus ou moins réussie des sons que l'enfant a entendus, alors même qu'il sort du domaine des cris et des interjections et qu'il devient une parole nettement articulée, ce langage n'est encore qu'un acte purement réflexe, auquel l'intelligence peut ne prendre aucune part, un acte d'automatisme pur, comparable à celui qu'exécutent le perroquet ou encore certains malades atteints de ce qu'on a nommé l'*écholalie*.

Ce n'est que plus tard que l'enfant associe au mot qu'il entend prononcer l'idée dont ce mot est le signe.

Quelques psychologues, frappés de ce fait, en ont conclu que, dans l'évolution du langage, le mot précède l'idée, et que, sans le secours de la parole, nous serions incapables de suivre un raisonnement, voire même de penser, enfin que nous ne saurions penser notre parole avant d'avoir parlé notre pensée.

C'est là une conclusion insoutenable. La parole est le signe de l'idée, et le signe ne saurait précéder la chose signifiée. L'homme pense avant de parler, du moins quand il parle en homme, et les faits abondent pour le prouver. La première chose que l'enfant doit apprendre avant de parler, dit Whitney, c'est à observer et à distinguer les objets. L'enfant a certainement des idées, et des idées qu'il manifeste de diverses façons, avant de les exprimer par la parole. Le sourd-muet pense avant d'avoir appris le langage spécial par lequel on a merveilleusement trouvé moyen de le mettre en communication orale avec ses semblables.

L'enfant possède donc l'idée avant d'avoir le mot qui l'exprime. Sans doute quand il apprend le mot, il l'entend et le répète d'abord sans lui attribuer la valeur significative qui lui appartient, et cette attribution ne se fait chez lui que plus tard, au moins dans un grand nombre de cas, chez l'enfant qui apprend à parler ; mais le mot ne crée pas l'idée, il ne fait que la réveiller, quand la relation qui unit ces deux termes s'est une fois bien établie dans son esprit.

En un mot, l'enfant parle d'une façon réflexe, sans comprendre la valeur du signe qu'il emploie ; mais le mot n'est pas un agent nécessaire, pour faire naître dans l'esprit l'idée de l'objet qu'il représente. Cette idée, l'objet lui-même suffit à la faire naître ; et quand l'enfant apprend le mot correspondant à cette idée, ce n'est pas le mot qui l'initie à l'idée elle-même. Ce que l'enfant apprend alors, c'est la relation établie entre l'idée qu'il possède et le mot qu'il vient de rencontrer.

Un autre problème psychologique se présente à nous, dans l'évolution de la parole : Quelles sont les relations qu'affectent entre eux, l'idée d'une part, le mot qui l'exprime de l'autre, et ce que l'on a nommé la parole intérieure, autrement dit : la formule intérieure de l'idée.

Que l'on écoute parler ou que l'on parle soi-même, l'opération qui consiste à exécuter ou à comprendre la parole comporte toute une série d'actes, que l'on peut résumer ainsi qu'il suit. Je veux parler, c'est-à-dire exprimer une idée ; cette idée est dans le domaine des conceptions pures, il s'agit de l'en faire sortir. La première phase par laquelle il lui faut passer au dedans de moi-même et avant d'en sortir, c'est de se formuler intérieurement en termes définis, qui en précisent le sens et en déterminent le caractère. C'est ce que l'on a appelé du nom de parole intérieure; et à juste titre, quoi qu'on ait pu dire ; car tout ce qui constitue l'âme de la parole s'y trouve réuni, il ne lui manque que de prendre corps dans une manifestation physique extérieure.

Ce processus, comme on dit, se montre encore plus évident quand on l'étudie dans l'acte de comprendre la parole et surtout dans la lecture. Quand je lis un livre, ce que je vois sur le papier est tout autre chose qu'une série de traits et de points noirs, ce sont des caractères, significatifs d'une idée qu'ils représentent ; et quand je lis, comme on dit, « des yeux », la signification de ce que je lis est formulée par moi mentalement, dans les termes où c'est écrit, sans avoir été prononcé au dehors, et pour se transformer en conception ou en idée acquise.

L'exécution de la parole implique donc un processus dans lequel l'idée, une fois conçue, passe d'abord par une formule intérieure avant d'être émise au dehors dans le langage articulé.

Cette opération ou formule intérieure, intermédiaire à l'idée pure et à la parole prononcée, comporte un substratum organique, dont j'ai pu montrer le tracé dans mon schema. L'idée, partie des foyers de la mémoire ou de l'imagination, est transmise par les filets nerveux dans les centres de collection sensorielle, où elle subit une opération analogue à celle à laquelle sont soumises les impressions verbales reçues et apportées par les sens externes.

C'est là qu'elle reçoit comme une nouvelle élaboration, d'où elle sort plus définie et sous une forme à laquelle il ne manque plus que de s'incarner dans la voix articulée, pour se produire au dehors.

Le processus va donc jusqu'aux centres de collection sensorielle verbale ; mais il s'arrête là, en deçà des centres de coordination motrice verbale.

Or ces centres de collection sensorielle verbale sont, nous l'avons vu, de trois ordres : visuel, auditif ou moteur, le premier collectionnant les signes verbaux auditifs, le second les signes verbaux visuels et le troisième les signes verbaux mimiques. De là vient qu'il y a des gens qui formulent leur parole intérieure en langage articulé, c'est le plus grand nombre ; d'autres qui la formulent en langage mimique, ce sont ceux que Stricker s'est plu à observer ; d'autres enfin qui la formulent en langage graphique, ce qui doit être beaucoup plus rare. Mais quel que soit le centre de collection sensorielle mis en jeu par cette opération, le travail s'y arrête et laisse, sans les atteindre, les centres de coordination motrice.

J'ai indiqué ailleurs comment ce point d'arrêt peut être parfois franchi involontairement et presque insciemment, quand l'effort de l'esprit pour effectuer la formule intérieure de l'idée qu'il a conçue dépasse le but, et que le sujet se met à traduire au dehors cette formule dans une parole qui, pour ainsi dire, lui échappe. Le centre de collection sensorielle a été franchi par le processus trop fortement lancé, et le centre de coordination motrice a été mis en activité à son tour.

En résumé, l'exercice complet de la parole implique un processus dont les termes sont, à partir de l'idée ou conception pure, la parole intérieure, la collection sensorielle verbale, la coordination motrice verbale, et enfin la production extérieure de ce mouvement par la parole, par la graphique et par la mimique.

3. — *L'éducation de la parole.*

Si on lit avec attention les observations recueillies sur ce sujet, notamment celles de B. Perez et de Preyer, et si l'on se reporte à ce qui est, pour chacun, d'observation courante et journalière, il est facile de se convaincre que l'enfant ne parle pas naturellement, qu'il perçoit des sensations et qu'il exécute des mouvements voulus, qu'il pense avant de savoir traduire en paroles ses impressions, ses désirs et ses pensées, enfin que dans l'exercice du langage il commence par pratiquer la parole automatique et réflexe et que la plénitude de l'exercice de la parole n'est atteinte chez lui que par l'entremise d'opérations intellectuelles dont l'abstraction, la généralisation et le jugement font nécessairement partie.

L'enfant crie dès sa naissance et ne connaît guère alors que ce mode de manifestation de ses impressions et de ses besoins ; et ce mode lui est commun à lui et à la plupart des animaux supérieurs. Toutefois il est à remarquer que, à l'inverse des animaux qui possèdent en naissant un nombre d'aptitudes instinctives d'autant plus considérable qu'ils sont plus élevés dans l'échelle animale, le petit de l'homme est dépourvu de la plupart de ces aptitudes, et doit tout attendre de l'éducation que vont lui donner ses parents. En un mot, l'hérédité, si puissante pour transmettre, dans la série animale, les instincts et les moyens automatiques de conservation, se réduit chez l'homme à un minimum, qui serait absolument insuffisant à le protéger et à le faire vivre sans le secours de l'éducation.

L'homme est capable de tout apprendre, dit fort justement Whitney, mais il commence par ne rien savoir. Si ce n'est qu'il tette, on ne voit pas qu'il naisse avec un seul instinct. Aussi les moyens de communication qui sont instinctifs chez les animaux, sont tout entiers chez l'homme arbitraires et conventionnels, en tous cas ne sont-ils acquis que par une éducation toute spéciale.

Ce n'est donc pas seulement au point de vue de sa vie intellectuelle et morale que l'homme est un être enseigné, ainsi que l'établissait si magnifiquement le P. Lacordaire, dans une de ses premières conférences, cela est encore vrai de sa vie animale ; et c'est un premier fait qui manifeste tout à la fois clairement, combien l'homme dépend de l'éducation, et combien il diffère du reste des êtres vivants.

Pour ce qui est du langage, cette éducation commence par l'imitation. L'enfant voit et entend parler autour de lui, et il s'essaie et il s'applique à imiter le langage. Celui qu'il effectue d'abord, c'est le langage mimique, ou des gestes ; bien avant de savoir nommer l'objet qu'il désire, il le montre, il sait bien faire entendre qu'on le lui donne, il manifeste la satisfaction qu'il éprouve à le posséder. Dès le principe, des cris se mêlent à cette mimique ; et ces cris ont des types divers, selon qu'ils veulent dire le désir de posséder cet objet, le dépit de ne pouvoir l'atteindre, la joie de l'obtenir et de jouir de sa possession.

Mais bientôt le cri ne suffit plus à ces manifestations ; l'enfant y emploie alors des essais d'articulation de sons, plus ou moins informes encore, mais qui ne sont déjà plus des cris proprement dits. Ces essais deviennent un acte auquel l'enfant se complaît ; et il répètera dorénavant ces sons articulés comme une musique qui le charme par sa nouveauté, et probablement aussi par la ressemblance plus ou moins éloignée qu'elle présente avec la parole qu'il entend exécuter autour de lui.

Toutefois, si l'homme est un être imitateur, il ne l'est pas d'une manière instinctive et mécanique, comme le sont certains animaux ; ainsi que le remarque encore judicieusement Whitney, il est imitateur comme il est artiste ; et la seconde de ces facultés commence par n'être que le développement de la première. En tous cas, ce n'est que lorsque l'expression cesse d'être bornée à l'émotion, qui est sa base naturelle, c'est lorsqu'elle est tournée à des usages intellectuels, que commence réellement l'exercice de la parole proprement dite.

Une fois que le premier mot est sorti de ses lèvres, comme par hasard il le répète d'abord, de même qu'il faisait hier son jargon enfantin et insignifiant ; et ce n'est que peu à peu qu'il s'habituera à attribuer ce mot à l'objet auquel il convient.

Jusque là, le langage de l'enfant ne comporte guère que des actes automatiques et réflexes et ne diffère pas beaucoup du langage réflexe d'un certain nombre d'animaux, si ce n'est par le mode tout particulièrement délicat qu'il affecte, lequel dénote déjà, dans l'instrument de la parole, une richesse d'intonation capable de lutter avec le gazouillement de l'oiseau, et surtout une souplesse d'articulation que l'animal ne peut guère imiter que de loin.

C'est que si l'instrument de la parole est admirable et merveilleusement combiné, c'est un artiste intelligent qui s'en sert ; et il ne tarde pas à le faire entendre. L'enfant n'a pas seulement subi des impressions qu'il manifeste par des cris, par des interjections ; sa parole n'est plus seulement un écho de la parole d'autrui (écholalie), ou une reproduction du son qu'il vient d'entendre (onomatopée) ; bientôt elle devient tout autre chose : elle est un signe. Et elle n'a pas plutôt atteint à ce degré où elle signifie les objets et leurs qualités objectives, qu'elle trahit l'activité de l'intelligence elle-même aux prises avec l'observation, qu'elle expose enfin dans ses formules les opérations d'abstraction, de généralisation et de jugement que, sans elle, il est si difficile de concevoir.

4. — *Les coordinations artistiques.*

S'il est une branche de l'activité humaine dans laquelle l'intelligence ait à intervenir, comme agent directeur de cette activité, c'est certainement dans l'exécution des œuvres artistiques, moins sans doute dans l'exécution que dans la composition de ces œuvres, mais encore assez cependant pour que l'artiste qui exécute une œuvre belle ou simplement difficile, recueille pour cette exécution les bravos les plus enthousiastes.

Or, si l'intelligence est nécessaire à l'artiste pour comprendre l'œuvre qu'il exécute, si le sentiment doit guider l'ensemble de ses mouvements pour donner la prestesse nécessaire à sa parole si c'est un orateur, à son pinceau s'il est peintre, à son doigté s'il est musicien, pianiste, violoniste, etc., il est nombre de mouvements partiels qu'il exécute alors en vertu d'un automatisme antérieurement acquis. C'est pourquoi l'exercice répété de son exécution lui est nécessaire avant que celle-ci devienne satisfaisante. C'est par la répétition fréquemment réitérée des passages délicats ou difficiles qu'il arrive à leur donner la nuance et la précision qui leur conviennent. Or, cet exercice répété n'a pas seulement pour but de briser les doigts ou la voix à l'usage de tel ou tel mouvement, il doit remonter plus haut. Par l'usage répété d'une série de mouvements, il se fait dans les centres dits psychiques du cerveau une accommodation de cellules qui entrent en correspondance, dans l'ordre que détermine l'usage lui-même, l'une appelant l'autre à l'activité, dans l'ordre que l'intelligence a une bonne fois réglé et que la volonté a bien imposé aux organes coordinateurs. Et cette coordination une fois établie, l'exécutant peut effectuer les tours de force artistiques les plus étonnants, en se jouant pour ainsi dire, voire même en pensant à tout autre chose.

C'est ainsi que l'homme le moins doué au point de vue de l'art peut, à un moment donné, et après une éducation suffisamment opiniâtre, vaincre les difficultés d'exécution les plus insurmontables en apparence. Qui de nous ne s'est émerveillé d'entendre le boniment, souvent pittoresque, parfois étourdissant, du charlatan commercial ou politique, alors qu'il fait valoir, devant les badauds ébahis, la marchandise qu'il recommande ; et ne s'est étonné ensuite de constater la nullité intellectuelle, et même le peu d'élocution, de ce même homme rentré dans la vie commune, et dépouillé du rôle qu'il avait si bien adopté quelques instants auparavant.

Eh bien, la plupart de ces tours de force artistiques ne sont dus qu'à une adaptation savamment étudiée tout d'abord, délicatement nuancée par l'intelligence qui l'a conçue ou simplement comprise, mais qui n'est jamais mieux exécutée que quand la mécanique cérébrale s'est agencée de telle sorte que, le premier signe émis, tout le reste suive, à la façon d'un phonographe bien établi et devant lequel on a prononcé une fois une brillante allocution.

Beaucoup d'artistes répugneront à cette façon de concevoir l'exécution de tant d'œuvres d'art qui provoquent et méritent notre admiration. Je demande pour eux à m'expliquer un peu plus au long. L'automatisme a beau jouer un rôle considérable dans l'exécution des chefs-d'œuvre, l'intelligence et le sentiment artistiques ne sont pas pour cela des agents inutiles à cette exécution. Non seulement ils ont dû préalablement présider à l'éducation de l'exécutant et le diriger dans ses premières tentatives, mais il y a plus : ils doivent présider encore à l'exécution la plus automatique, pour lui communiquer cette délicatesse de nuances, cette modulation d'expression que le sentiment artistique peut seul inspirer, et qui ne peut s'apprendre, de même qu'il ne peut guère être que senti, et en tout cas bien difficilement exprimé. Je ne veux dire que ceci : c'est que, dans l'éducation artistique, une part de plus en plus considérable est faite à l'automatisme, à mesure que l'on cultive et que l'on perfectionne les moyens d'exécution.

5. — *La parole dans l'éducation.*

Nous trouvons dans un traité récemment publié de la *Théorie des Belles-Lettres* (R. P. Longhaye) que chaque objet correspond à une idée simple dans l'esprit qui le conçoit, et que chaque idée correspond à un mot qui l'exprime. La relation qui existe entre l'idée et le mot est telle, que l'idée claire va avec le mot propre, c'est-à-dire avec celui qui lui convient, et que le mot propre dénote et assure la précision de l'idée.

L'éducation intellectuelle n'a guère d'autre but que d'assurer tout à la fois la clarté de l'idée et la propriété de l'expression ; et, ce faisant, elle concourt aussi à l'éducation morale ; car, le vague de l'idée, qui va avec l'impropriété de l'expression, conduit à l'erreur et favorise le mensonge. Combien l'un et l'autre concourent à altérer le charme de la conversation, c'est ce que je ne veux point rechercher ici.

Chacun sait de quelle utilité jouit la parole pour rendre les idées nettes et précises. Un problème dont nous avons étudié toutes les données n'est pleinement possédé par l'intelligence de celui qui l'étudie, que s'il prend à son tour la peine de l'exposer, c'est-à-dire, d'en formuler d'abord nettement les termes, et d'en déduire les solutions, après en avoir discuté les conditions.

Que de gens ont le tort de se borner, en bien des matières, à ces embryons d'idée dont les caractères mal déterminés permettent toutes les erreurs et conduisent aux conclusions les plus contradictoires ! Rien de plus fâcheux, en effet, qu'une telle habitude. Elle ne tarde pas à fausser le jeu des centres cérébraux, si bien que l'intelligence devient elle-même inapte à les redresser et se laisse imposer l'erreur qu'ils lui présentent.

L'idée, imparfaitement formulée dans l'esprit, y laisse une image vague, que l'imagination pourra bien exploiter, mais non sans s'exposer à en fausser totalement le caractère. Et cette altération de l'idée sera d'autant plus grave, que les contours mal dessinés qu'elle lui attribue rendront plus difficile de reconnaître en elle ce qu'il y a d'exact et ce qu'il y a de faux, et permettront moins de la corriger ; les coordinations cérébrales, se faisant alors entre des éléments disparates, ne présentent plus à l'esprit qu'un assortiment confus de données, dont les rapports sont viciés, ou du moins si lâchement unis, que le moindre accident suffît à les disjoindre, ou à les renouer sans ordre et sans exactitude.

Le beau langage, au contraire, qui n'est que la *splendeur du vrai*, laisse dans l'esprit qui le formule et dans celui qui l'entend une image nette, précise, qui s'imprime profondément en lui ; le cerveau qui recueille cette image la conserve aisément, la classe au milieu des données qu'il possède déjà, organise les relations qu'elle offre naturellement avec elles, et saura la retrouver au moment voulu, intacte et peut-être même enrichie de l'ampleur que ces rapports lui auront fait acquérir.

On conçoit par là combien importe à une bonne éducation, non seulement le choix des objets qui lui sont proposés, mais encore celui des termes qui signifient les objets. Car l'idée sera d'autant plus exacte et plus juste que le mot et l'objet se conviendront mieux mutuellement.

Je ne saurais détailler, en cette courte étude, les conclusions qui s'en déduisent au point de vue de l'éducation pratique et des études. On pourrait montrer à ce propos quelle est l'importance des études littéraires, au point de vue de la gymnastique intellectuelle, et comment les langues mortes, dont le sens a été et demeure fixé dans les chefs-d'œuvre du langage, ont une portée d'action considérable et qu'une éducation supérieure ne saurait négliger ; comment ces études sont plus aptes qu'aucune autre à créer, dans l'instrument de l'intelligence, ces adaptations fonctionnelles dont j'ai rappelé la formation adventive et le rôle important, et comment elles peuvent organiser ces centres d'action de telle sorte qu'ils se correspondent naturellement et qu'ils agissent d'ensemble avec la plénitude et avec la rectitude dont ils sont capables.

Le langage est un instrument précieux, dont on ne connaît bien l'usage que quand on l'a manié sous diverses formes. C'est une matière sonore à laquelle chaque nation a donné son impression et sa vie. La langue, c'est la patrie, a dit de Humboldt. Mais, ajoute fort justement Pezzi, l'idiome national d'un peuple est trop intimement lié à la nature de ce peuple pour que celui-ci puisse, pour ainsi dire le détacher de lui-même et le poser devant lui comme quelque chose d'intrinsèque et d'objectif, comme une matière à observations et à analyses ; il faut que la connaissance des langues étrangères, en offrant à notre attention des moyens divers d'exprimer la pensée, nous invite et presque nous oblige à réfléchir sur ces moyens dont nous étions les possesseurs inconscients. De là encore le mot profond de Gœthe : Celui qui ne connaît aucune langue étrangère, ne connaît pas la sienne propre.

6. — *La linguistique et la philosophie de la parole.*

Depuis le temps d'Horace, on s'est plu à comparer la végétation des langues à celle des arbres ; mais, ajoute Muller, à qui j'emprunte cette remarque, les comparaisons sont perfides.

Elles le sont à ce point que nombre d'auteurs récents, entraînés par la comparaison, ont assimilé le langage à un être collectif, et les mots à des individus, dont ils décrivent avec complaisance la naissance, le développement, les conflits, les maladies contagieuses, la mort même, faisant en cela, c'est le mot de Muller, de la pure mythologie.

Du reste, un véritable chaos règne parmi les théoriciens. Pour les uns, le premier et le père de tous les mots, c'est le verbe ; pour les autres, c'est le substantif ; pour celui-ci, c'est l'adjectif ; pour celui-là, le pronom.

Pour M. Renan, qui ici comme en d'autres matières se range du côté de la tradition après l'avoir reniée, le langage a été formé tout d'un seul coup, et l'humanité n'a jamais existé sans la parole.

Tous, d'ailleurs, confondant plus ou moins le langage et la parole, attribuent à la parole l'origine toute naturelle qui appartient au langage, et rapportent au développement du langage les caractères qui appartiennent à la parole. J'ai dit, en commençant cette étude, combien il importait d'échapper à une telle confusion.

Si l'on veut bien se reporter au schema que j'ai tracé à ce sujet, on comprendra ce que cette distinction a de légitime. Toutes les manifestations purement automatiques ou réflexes de la sensation ou de l'idée ressortissent au langage ; le geste, le cri, l'interjection, l'onomatopée, ou imitation des sons et des bruits de la nature, l'écholalie, ou imitation et reproduction automatique de la parole, appartiennent au langage et ne sont pas de la parole proprement dite.

Jusqu'ici, rien de bien embarrassant dans le mécanisme de ces opérations, qui supposent sans doute des organes fort développés, mais rien de plus. Le langage des bêtes ne va pas au-delà ; mais il peut comprendre tous ces divers éléments ; et par suite, il comporte, on le voit, un assez vaste répertoire. Qu'on l'étudie chez l'animal livré à lui-même, chez l'animal instruit et dressé par l'homme, ou chez le jeune enfant, ces diverses variétés d'expression de l'idée se montrent chez eux comme un pur résultat de l'automatisme réflexe, et ne supposent pas nécessairement la participation d'un principe intelligent.

Il n'en va pas de même de la parole. Celle-ci implique une formule ou, comme le dit la grammaire, une proposition ; et cette formule suppose nécessairement des opérations d'abstraction et d'analyse, de généralisation et de synthèse, qui trahissent toute une série d'actes dépassant de beaucoup les précédents.

Nous avons vu, figuré dans notre schema, comment les opérations du langage automatique ont dans le cerveau des localisations anatomiques déterminées et spéciales à chacune d'elles. Ce sont les centres de perception sensorielle verbale et les centres de coordination motrice verbale, et probablement aussi, pour une certaine part du moins, les centres de collection mnémonique et imaginative. Pour la parole formulée, au contraire, le cerveau ne nous offre plus de localisation. Il n'y a pas de centres connus susceptibles de s'adapter à l'exercice de ces opérations là.

Et même, il semble bien au naturaliste que de telles opérations se passent au-dessus des sphères d'action de l'organe cérébral, qu'elles dominent d'ailleurs et dont elles provoquent et gouvernent le jeu.

Quand, dans la plus simple des propositions, j'affirme l'être d'un objet et d'une qualité et la convenance respective de cette qualité et de cet objet, j'exécute une opération à laquelle le secours des mots est indispensable sans doute ; mais la caractéristique de cette opération n'est pas dans l'usage de ces mots : elle est dans la formule qui les relie et en détermine la signification.

Prenons l'exemple le plus simple. Dans cette proposition : L'homme est mortel, j'affirme tout d'abord et l'existence de l'homme et le caractère dû à l'acte de mourir, et enfin j'affirme que ce caractère convient à cet être. Et cette triple affirmation implique tout autre chose que les mots qu'elle emploie : elle implique un raisonnement dans lequel l'abstraction et l'analyse ont leur part, à côté de la généralisation et de la synthèse ; en un mot, toute une série d'opérations intellectuelles, nécessaires à déterminer la formule intérieure, et dans lesquelles les mots ne sont que l'outil dont se sert l'intelligence pour émettre sa formule.

C'est ainsi que dans toute langue particulière il entre deux éléments distinctifs et essentiels : le lexique d'abord qui est le répertoire des mots dont la langue dispose, et la grammaire qui est le code des formes que ces mots peuvent revêtir. Et tous les linguistes s'accordent sur ce point, que pour constituer et caractériser une langue, le lexique a bien moins de valeur que la grammaire ou la syntaxe, qui en est l'élément de beaucoup le plus important.

Cette distinction, dont on n'a pas certainement mis en lumière toute la valeur et toute l'importance, nous permet de comprendre comment les linguistes discutent encore si compendieusement la question de savoir si le langage représente une faculté de l'esprit humain, et comme l'expression adéquate de son essence (Renan), ou s'il n'en est qu'un instrument, dont il se sert plus ou moins habilement.

Or, dans l'exercice de la parole, il y a l'un et l'autre élément : il y a l'*instrument*, c'est-à-dire le langage, les mots ou les signes, au moyen desquels l'idée se fait jour au dehors ; il y a en plus une *faculté*, par laquelle l'intelligence se communique dans une formule où elle met tout à la fois elle-même et l'objet qu'elle veut dire. C'est de la parole et non du langage que nous dirons, avec Renan, que ce qui la constitue, comme aussi ce qui constitue la pensée, c'est le lien logique que l'esprit établit entre les choses. Si l'on voit, dans les mots, une conception matérielle devenir le symbole d'une idée, le système grammatical au contraire, et même celui des langues les plus anciennes, dénote la plus haute métaphysique.

Cette analyse nous permet de saisir comment le langage peut exister sans la parole, tandis que la parole ne saurait exister sans le langage. La parole n'est pas seulement le langage articulé, ce n'est pas seulement un ensemble de mots, c'est une formule intelligente et intelligible, qui part d'une intelligence pour s'adresser à une autre intelligence ; et si le langage est souvent automatique, la parole ne mérite réellement ce nom de *parole* que quand elle est intelligente.

7. — De l'origine du langage et de la parole.

Le langage humain ne peut à lui tout seul donner la clef de son origine, dit fort justement M. Darmsteter.

Le fait est que les divergences les plus étranges et les théories les plus diverses se sont produites, à ce sujet, parmi ceux qui n'ont demandé qu'au langage la raison de sa genèse. Nul doute qu'une grande partie de ce désaccord entre les savants ne tienne à ce que, là encore, on n'a pas assez distingué ce qui revient au langage en général de ce qui revient en particulier à la parole.

Les linguistes, en effet, discutent l'origine des mots comme si cette origine devait leur livrer en même temps la solution de cette question de l'origine de la parole. Que les mots soient dérivés d'un certain nombre de racines élémentaires définies, et que chacune de ces racines ait servi à former le qualificatif, le nom et le verbe, ceci paraît fort probable. Que la façon dont ces racines se sont unies pour répondre aux idées ait déterminé les grandes familles de langues : monosyllabiques, quand ces racines sont restées séparées ; agglutinantes, quand elles se sont simplement juxtaposées ; et langues à flexions, quand les racines se sont fondues en s'altérant réciproquement, ce sont autant de faits que la linguistique a judicieusement analysés et qu'on ne conteste guère.

Mais ces racines elles-mêmes, d'où viennent-elles ? qui les a créées ? Cette question reste à l'état de problème. Ont-elles été empruntées à l'interjection, à l'onomatopée, ou à des altérations phonétiques difficiles à déterminer ? Il est impossible de rien formuler de définitif sur ce point. S'il est vrai, comme le dit Fick, que plus on remonte vers les origines, dans l'examen du vocabulaire des langues, plus les onomatopées deviennent rares, nous sommes portés à en conclure, avec M. Regnaud, que l'imitation des sons de la nature, sous toutes ses formes, ne peut être considérée tout au plus que comme un facteur accidentel du langage, et non point comme sa condition originelle.

Quoi qu'il en soit, eussions-nous pu déterminer quelle est la véritable origine de ces racines, que nous aurions fait un pas de plus, je le veux bien, dans la recherche des origines du langage ; mais, dans le cas même où cette origine serait ainsi démontrée, elle ne nous livrerait nullement le secret de l'origine de la parole proprement dite. Et il ne nous semble guère possible de remonter aujourd'hui au-delà de cette limite.

Les mots, qui sont la forme matérielle de l'idée, sont des organes particuliers, ayant chacun leur fonction propre dans l'organisme complexe par lequel l'intelligence se manifeste et qui n'est autre que la parole. Mais le mot ne constitue pas à lui seul toute la parole, pas plus que l'organe ne constitue l'organisme. C'est en ce sens que la langue peut être comparée, mais comparée seulement, à un être vivant. Etudier la genèse des mots seulement pour comprendre la parole, est une prétention aussi erronée que celle qui se borne à étudier la vie dans les organes pour comprendre celle de l'organisme.

En résumé, tous les êtres ont leur signification. La matière inerte nous laisse lire celle que nous trouvons en elle. C'est ainsi que la nature proclame la grandeur de Dieu : *cœli enarrant gloriam Dei*. Les êtres vivants rendent cette signification active, comme leur vie elle-même ; et chacun d'eux, pour dire cette signification, possède un langage.

L'homme seul donne à cette signification toute sa plénitude. Il parle, et véritable *naturæ minister et interpres*, sa parole traduit en une parfaite expression le langage de la nature entière.

Au début de ses leçons sur la science du langage, Muller pose ainsi les termes du problème que nous présente l'origine de la parole : « Ce peut « être, dit-il, l'œuvre de la nature, une invention de l'art humain, ou un don « céleste ; mais à quelque sphère qu'il appartienne, rien ne semble le sur- « passer, ni même l'égaler. Si c'est une création de la nature, c'est son chef- « d'œuvre, le couronnement de tout le reste, qu'elle a réservé pour l'homme « seul ; si c'est une invention artificielle de l'esprit humain, elle semblerait « élever l'inventeur presque au niveau d'un divin créateur ; si c'est un don « de Dieu, c'est son plus grand don, car par là Dieu a parlé à l'homme et « l'homme parle à Dieu, dans la méditation, la prière et l'adoration ».

Je ne saurais mieux dire que le savant professeur d'Oxford. Que Dieu ait doté l'homme de la faculté de la parole, et qu'il lui ait donné, pour se servir de cette faculté, les instruments du langage, c'est ce qui ne fait pas doute pour nous. Rien d'ailleurs, du côté de l'analyse de cette sublime fonction, ne nous paraît impliquer qu'une révélation spéciale ait été nécessaire pour mettre en rapport les instruments du langage et la faculté de la parole.

Peut-être trouvera-t-on qu'une semblable solution ne fait guère que reculer les limites du problème et en déplacer les termes, pour les rejeter à ce point de départ du processus verbal où l'idée de transforme en parole intérieure.

Je ne contredirai pas à cette remarque. Écarter et reculer peu à peu les limites de l'inconnu, c'est là le propre du travail scientifique *a posteriori*. — C'est ainsi que cette étude de la parole, partie du terrain de l'observation des faits les plus simples, s'est élevée progressivement, à travers le domaine de la physiologie et de la psychologie, jusqu'au plus hauts problèmes de la philosophie, jusqu'à cette région qui confine en même temps aux données de la science et à celles de la foi.

« Ainsi, dit le Dr Whewell dans une étude sur le même sujet, le pas- « sage du monde matériel au monde immatériel s'ouvre sur un point « devant nous…. ; et nous pouvons nous permettre, au terme de ce pèleri- « nage à travers les fondements des sciences physiques, de nous réjouir « de ce rayon, tout faible qu'il soit, qui brille pour nous encourager, en « venant à nous des hauteurs d'une région plus lumineuse »

Imp. G. Saint-Aubin et Thevenot, Saint-Dizier (Haute-Marne), 30, passage Verdeau, Paris.

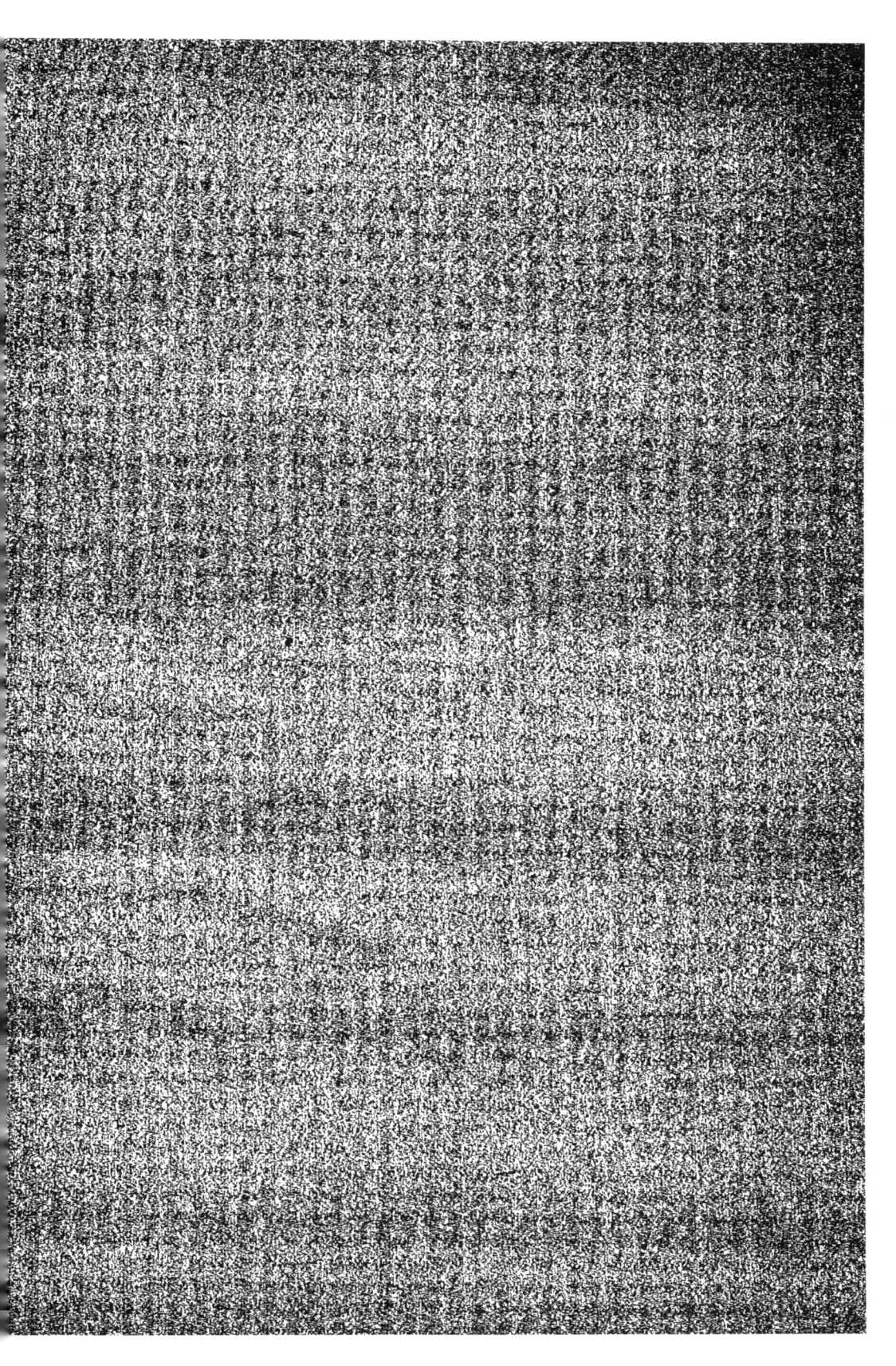

www.ingramcontent.com/pod-product-compliance
Lightning Source LLC
Chambersburg PA
CBHW060528200326
41520CB00017B/5157